1234 56789

My Path to Math

我的数学之路

数学思维启蒙全书

第2辑

应用题初学者 | 有关长度的应用题
可能性 | 折线、条形和扇形统计图

■ [美] 克莱尔·皮多克（Claire Piddock）等　著

阿尔法派工作室　李婷　译

人民邮电出版社
北　京

目 录
CONTENTS

应用题初学者

有关长度的应用题

可能性

折线、条形和扇形统计图

解决应用题的步骤

卡门和艾登正在学习如何解决**应用题**。他们学到了解决应用题的5个重要步骤。老师将步骤写在一张海报上，并悬挂在教室里。

解决一步应用题的步骤

1. **什么**——题目让你解决什么问题？

2. **如何**——你将如何解决问题？你将运用哪种运算？

3. **辅助**——运用数字或图形呈现问题。

4. **运算**——算出答案。

5. **检验**——答案正确吗？

应用题1

有3只青蛙在睡莲叶子上，后来又有2只跳了上来。现在睡莲叶子上总共有几只青蛙？

卡门告诉艾登她正在题目中寻找能帮助她解决数学问题的关键词。卡门说"总共"是一个关键词，这个关键词告诉她要做加法来解决这道数学问题。

卡门画了一张画来帮助解决问题。

艾登知道3加2等于5，他告诉卡门她的答案看起来是正确的。

拓 展

鱼缸里有6条鱼。阿米特又放了另外3条鱼进来。鱼缸里总共有几条鱼？运用"五步骤法"来解决这道应用题。

?

复述问题

老师说用自己的话复述应用题有助于理解题目说了什么。

艾登读了一下这道题，之后他用自己的话重复了这道应用题。"我需要算出总共有多少个学生。有的学生在钓鱼，有的学生在攀岩，把人数加起来就可以得出总数。"

> **应用题2**
> 在一次活动中，学生可以自由选择钓鱼或攀岩。有10个学生在钓鱼，有4个学生在攀岩。总共有多少个学生?

老师是正确的！用自己的话复述一遍题目内容的方法帮助艾登理解了这道题。

解决应用题的步骤

1. **什么**——题目让你解决什么问题？
2. **如何**——你将如何解决问题？你将运用哪种运算？
3. **辅助**——运用数字或图形呈现问题。
4. **运算**——算出答案。
5. **检验**——答案正确吗？

艾登和卡门给彼此读应用题。

如何用自己的话复述应用题？

- 读应用题。将应用题转成自己的话，之后再把这道题读一遍。

- 用一些短句子把你自己的话写下来。

- 用简单的词。

- 写下数字和符号。

- 讲讲你将怎么运算。

- 把题目读给朋友们，听取他们的意见来帮助你解答题目。

拓 展

先锋村有8座木制建筑。其中2座建筑在小溪一边，其余的在小溪另一边。小溪的另一边有几座建筑？

以下哪种复述方式是正确的？

我需要算出总共有多少座建筑。我可以把8座建筑和小溪这边的2座建筑加起来。	我需要算出小溪的另一边有多少座建筑。总共有8座建筑，我需要减去小溪这边的2座，算出的结果将会告诉我另一边有多少座建筑。

运 算 术 语

卡门和艾登运用两种**运算**来解决问题。他们运用了**加法**和**减法**。

许多应用题是**一步应用题**，运用一次运算就可以解决这种问题。

虽然题目不会直接告诉你该用哪种运算，但是其中总会出现暗示运用哪种运算的关键词。

运算关键词

加法 ＋	减法 －
一起	多多少
全部	高多少
总共	找零
总和	少多少
总价	差
	减
	剩多少

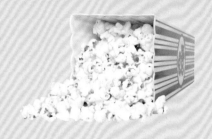

应用题3

艾登和他的爸爸要去看电影。到电影院后，艾登想请他的爸爸吃爆米花。他有3美元，而爆米花要5美元。艾登还需要多少钱才能买到爆米花？

在这道应用题中，词语"还需要多少"给艾登提供了一个关键词，他需要运用减法来解决这道题（$表示美元）。

$$\$5.00 - \$3.00 = \$2.00$$

艾登还需要2美元才能买到爆米花。

解决应用题的步骤

1. **什么**——题目让你解决什么问题？
2. **如何**——你将如何解决问题？你将运用哪种运算？
3. **辅助**——运用数字或图形呈现问题。
4. **运算**——算出答案。
5. **检验**——答案正确吗？

拓 展

这周，卡门喂了她的狗5次。下周，她将喂她的狗8次。卡门两周时间总共喂她的狗多少次？

你准备用哪种运算？题目中哪个词告诉你该用哪种运算？画一张图来帮助你解决这道题。

?

你 的 答 案 正 确 吗

卡门看完这道应用题后，用自己的话复述了一遍，然后她指出应该用哪种运算。接下来，她写下一道**算式**来解答这道题。

> **应用题4**
>
> 丹尼尔在他的公寓里爬楼梯。他从3层开始，他爬到了9层。9层是这座建筑的顶楼。他爬了多少层楼？

艾登也写下一道算式来解决这道题。

艾登的算式
3+9=12（层）

卡门的算式
9–3=6（层）

卡门检验了两人的答案是否正确。

卡门看到题目中说9层是顶楼，所以她知道答案一定比9小。卡门说自己的答案更合理，艾登听完卡门的意见也明白自己算出的答案并不正确。

解决应用题的步骤

1. **什么**——题目让你解决什么问题？
2. **如何**——你将如何解决问题？你将运用哪种运算？
3. **辅助**——运用数字或图形呈现问题。
4. **运算**——算出答案。
5. **检验**——答案正确吗？

拓展

宠物园有9只小鸡和5只兔子。小鸡比兔子多几只？

算式1

9−5=4（只）

算式2

9+5=14（只）

哪个算式是合理的？为什么？

?

找出不重要的信息

有时候，应用题会包含对解题没有帮助的额外的细节或信息。当你用自己的话复述问题的时候，跳过这些信息。

什么信息是没有必要给的？想要做对题目的艾登并不需要知道西红柿是一种水果还是一种蔬菜。他在问题复述中跳过了这一信息。

> **应用题5**
>
> 西红柿是一种水果，但是有的人认为它是一种蔬菜。萨拉星期二在一株植物上摘了3个西红柿。星期五，她从另一株植物上摘了10个西红柿。星期五摘的西红柿比星期二摘的西红柿多几个？

艾登的话

萨拉星期二摘了3个西红柿，星期五摘了10个西红柿。我需要做减法来得出她星期五比星期二多摘了多少个西红柿。

10个西红柿 － 3个西红柿 ＝ 7个西红柿

艾登把问题又读了一遍。他的答案正确。他知道萨拉星期五摘的西红柿比星期二摘的西红柿多。

拓 展

德莎在动物园里参观了爬行馆。一条蛇长2米，另一条蛇长1.5米。如果它们鼻子贴鼻子笔直地伸展身体，两条蛇共有多长？

这道应用题中什么信息是没有必要给的？遵循五步骤解决这道应用题。

写下重要的信息

艾登想成为一名赛车手。卡门给艾登写了一道算式，她让艾登用这个算式出一道关于赛车的应用题。

艾登的应用题

当我加速飞驰过赛道时，人们站起来欢呼。在记录的时间内，我已经行驶了16圈。再行驶3圈，我将成为世界冠军！我总共将行驶多少圈？

$$16+3=19（圈）$$

卡门读了艾登的应用题后，用自己的话写下这道题的重要信息。她记得要略去对解题没有帮助的不重要的信息。

$$
\begin{array}{r}
16圈 \\
+\ \ 3圈 \\
\hline
19圈
\end{array}
$$

卡门的话

"艾登行驶了16圈，然后他还要行驶3圈。我需要做加法来得出总和。"

拓 展

18-2=16

　　使用上面的算式出一道应用题，题目中要包含一些不重要的
信息。记得使用关键词。此外，画一张图来展示你的问题。

?

解决两步应用题

有的应用题需要两次运算来解答，它们被称作**两步应用题**。首先需要找到问题中的关键词，第一个关键词通常告诉你先做哪种运算。

用你自己的话写下问题。

指出应该先做哪种运算，然后写下第二步该做的运算。

艾登读了这道题，然后用他自己的话写下这道题。

应用题6

一个班级坐车去博物馆参观。车上原有12个乘客，这个班级有18个学生，这辆车共有36个座位。在所有的学生上车后，还剩多少个座位？

第一步是加法。

$$\begin{array}{r} 12 \\ +18 \\ \hline 30 \end{array}$$

第二步是减法。

$$\begin{array}{r} 36 \\ -30 \\ \hline 6 \end{array}$$

艾登的话

"车上原本有12个乘客，然后有18个学生上了车。我需要用加法来得出车上人的总数。车上有36个座位，我应该从36中减去车上的总人数。"

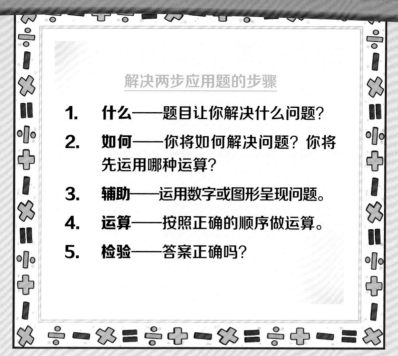

解决两步应用题的步骤

1. **什么**——题目让你解决什么问题？

2. **如何**——你将如何解决问题？你将先运用哪种运算？

3. **辅助**——运用数字或图形呈现问题。

4. **运算**——按照正确的顺序做运算。

5. **检验**——答案正确吗？

老师制作了一张新海报，它展示了解决两步应用题的步骤。

如何解决两步应用题？

√ 寻找关键词。

√ 问题通常暗示运算的顺序。

√ 用你自己的话复述问题，然后把问题再读一次，确保所有的要素都被复述出来了。

√ 思考问题在问什么。

√ 如果应用题不止一个问题，所有问题都需要回答。

拓 展

卡门想买一个3美元的充气恐龙和一本9美元的关于蜘蛛的书。她一共有15美元，这些钱够买这两样东西吗？

遵循上述步骤来解决这道两步应用题。

?

使用模型来解决应用题

模型是图片、图表或表格。模型可以帮助人们理解并解决一道题。老师给了卡门和艾登一份展示学校书市图书售卖情况的图表和一道两步应用题（应用题7）。艾登需要运用在这本书中学到的一切来解决这道题。

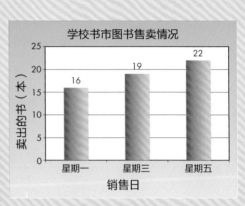

学校书市图书售卖情况

卖出的书（本）

销售日

第一步是加法。

$$\begin{array}{r} 16 \\ 19 \\ +22 \\ \hline 57 \end{array}$$

第二步是减法。

$$\begin{array}{r} 22 \\ -16 \\ \hline 6 \end{array}$$

应用题7

运用图表来回答这些问题：共卖出了多少本书？星期五比星期一多卖出几本书？

卖出书的总数是57本。星期五和星期一卖出书的数量的差是6本。

应用题8

博物馆的工作人员给孩子们准备了许多贴纸，孩子们答对问题就可以赢取贴纸。安德里亚得到6张贴纸，麦肯齐得到4张贴纸。扎克比安德里亚多2张贴纸，扎克得到几张贴纸？3个孩子共得到几张贴纸？

卡门制作了一份表格来帮助她解决这道题。

安德里亚	■	■	■	■	■	■		
麦肯齐	■	■	■	■				
扎克	■	■	■	■	■	■	■	■

扎克得到8张贴纸。3个孩子得到的贴纸总数为18张（6+4+8=18）。

拓 展

运用图表来解决这道应用题：博物馆邀请学校团体来参观。三年来，学生团体参观博物馆的总次数是多少？第一年和第三年参观次数的差是多少？

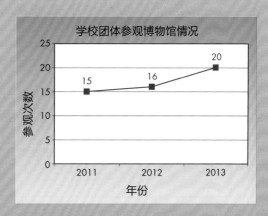

遵循步骤来解决这道两步应用题。

写出两步应用题

老师给了卡门和艾登两道算式，让他们根据这两道算式写出一道两步应用题。

3+5+2=10（个）
10-5=5（个）

> **卡门的应用题**
>
> 布兰登、唐亚和我一起去操场玩。到操场时已经有5个朋友在等我们，然后艾米和鲍比也来了。我们玩了20分钟后，5个朋友先离开了，其他人一直玩到天黑。那天总共有多少个人一起玩？一直玩到天黑的人有几个？

卡门写了一道关于她的朋友们的应用题。艾登读完后，他遵循步骤来解决卡门出的两步应用题。

> **艾登的话**
>
> "卡门和她的2个朋友去了操场。他们见到了5个朋友，然后又有另外2个朋友来了。我需要做加法来得到操场上玩耍的总人数后，再减去后来离开的5个人。这就得出一直玩到天黑的人数了。"

3 + 5 + 2 = 10个朋友　　10 - 5 = 5个朋友一直玩到天黑

解决两步应用题的步骤

1. **什么**——题目让你解决什么问题？

2. **如何**——你将如何解决问题？**你将先运用哪种运算？**

3. **辅助**——运用数字或图形呈现问题。

4. **运算**——按照正确的顺序做运算。

5. **检验**——答案正确吗？

把解决问题的这些步骤抄下来，以便制作你自己的海报，把它挂在你做数学作业的地方。

拓 展

9+4=13

13-6=7

根据上面的算式来出一道两步应用题。记得使用关键词哦！如果可以的话，请在这道题目的设置中包含一种模型。

术 语

加法（addition） 把两个或更多的数字加在一起来得出总和。

模型（model） 呈现数学要素以帮助解决应用题的图片、图表或表格。

算式（number sentence） 使用数字（1、2、3等）和运算符号（+、-、=等）的数学式子。

一步应用题（one-step word problem） 只需一次运算就能解决的应用题。

运算（operation） 计算过程，如加法、减法。

减法（subtraction） 把一个数从另一个数中拿走。

两步应用题（two-step word problem） 需要进行两次运算才能解决的应用题。

应用题（word problem） 用文字描述某种数学关系，并需要求解未知量的题目。

解决（一步）应用题的步骤

1. **什么**——题目让你解决什么问题？

2. **如何**——你将如何解决问题？**你将运用哪种运算？**

3. **辅助**——运用数字或图形呈现问题。

4. **运算**——算出答案。

5. **检验**——答案正确吗？

解决两步应用题的步骤

1. **什么**——题目让你解决什么问题？

2. **如何**——你将如何解决问题？**你将先运用哪种运算？**

3. **辅助**——运用数字或图形呈现问题。

4. **运算**——按照正确的顺序做运算。

5. **检验**——答案正确吗？

有关长度的
应用题

测量长度和高度

今天是林恩的生日，她8岁了。每年她生日那天，林恩的爸爸——卡特先生都会测量她的身高（也就是**高度**），看看她与去年相比长高了多少。高度就是指物体（或人）有多高。

有各种各样的工具能够用来测量高度和长度。**长度**是指物体有多长。

卷尺是一种以厘米或英寸为单位的测量工具。

米尺是一种以厘米、英寸和米为单位的测量工具。

直尺是一种以厘米和毫米为单位的测量工具。

单 位

卡特先生用卷尺来测量林恩的身高，他测量了从地板到林恩头顶的距离。林恩有50英寸或127厘米高。林恩想知道为什么她的身高用厘米表示时比用英寸表示时的数字更大。她的爸爸告诉她可以用不同的**单位**来测量高度，如厘米、英寸、英尺和米，每一种单位测出来的数值都是不同的。他制作了一个表格来帮助林恩理解。

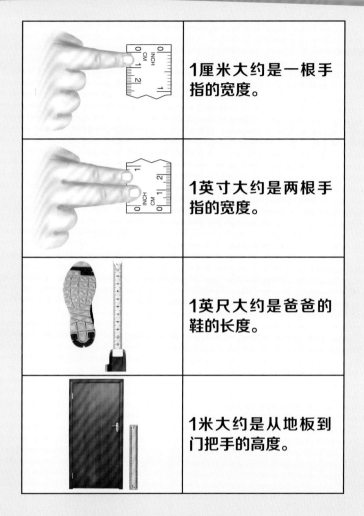

	1厘米大约是一根手指的宽度。
	1英寸大约是两根手指的宽度。
	1英尺大约是爸爸的鞋的长度。
	1米大约是从地板到门把手的高度。

　　林恩看到一根手指的宽度大约是1厘米，两根手指的宽度大约是1英寸。这意味着1厘米比1英寸短。所以测量她的身高用厘米表示时比用英寸表示时的数字更大。

拓　展

　　林恩测量了她的生日礼物的长度，它有11英寸长。如果有另一个礼物是11厘米长，那么这个礼物是更大还是更小呢？如果还有一个礼物是11英尺长，那么这个礼物是更大还是更小呢？

解决应用题的步骤

林恩的朋友胡安让她猜谜。林恩不确定要从哪里下手。胡安教给她自己在学校学到的解决应用题的4个步骤。

> **胡安的谜语**
>
> 猜猜看！猜猜看！
> 如果你知道，你就说出来！
> 去年你高100厘米。
> 今年的你长高了多少？

解决应用题的步骤
1. **理解**——这道题让你干什么？你已经获得了什么信息？
2. **计划**——你要怎样解决这道题？你将会运用哪种**运算**？可以运用数字、图形或模型呈现问题！
3. **解决**——算出答案。
4. **检验**——答案正确吗？

胡安解释说，解决应用题的第一步是理解题目问的是什么，并且找到解决问题需要的信息。

林恩把谜语重新读了一遍。她在"100厘米"上画了一个圈，并且在问题上做出强调标记。胡安告诉她，其实题目中遗漏了一条信息。

> 猜猜看！猜猜看！
> 如果你知道，你就说出来！
> 去年你高100厘米。
> 今年的你长高了多少？

要解决这道题，林恩还需要知道什么条件？

林恩的思考
我只有知道我今年多高，才能得出我比去年长高了多少。

解决应用题	
✓	1. 理解
☐	2. 计划
☐	3. 解决
☐	4. 检验

解决有关尺寸的应用题

林恩决定使用方块搭建一个**模型**来帮助她解决问题。每个方块高1厘米。林恩搭建了一座高100厘米的塔。这就是她去年的身高。

随着林恩越长越高，她知道她需要继续往塔上加方块。她每次加一个方块，一直加到塔高105厘米。林恩现在和塔一样高，这意味着林恩现在高105厘米。

林恩的思考

我去年身高100厘米，今年身高105厘米。我需要算出我长高了多少厘米。

解决应用题

✓	1. 理解
✓	2. 计划
	3. 解决
	4. 检验

林恩往塔上增加了5个方块。林恩告诉胡安她已经猜出了谜底。她写下一道**算式**来表示。

100厘米+5厘米=105厘米

从去年到今年，林恩长高了5厘米。

这个答案正确吗？林恩做了检验。她知道自己长高了而不是变矮了。所以，"长高5厘米"这个答案正确。

解决应用题	
✓	1. 理解
✓	2. 计划
✓	3. 解决
✓	4. 检验

拓 展

去年，胡安高110厘米。他现在高113厘米。胡安长高了多少？看下面的算式。哪一个是正确答案？你是如何知道的？

110厘米+3厘米=113厘米

110厘米−3厘米=107厘米

用多种方法解决问题

林恩生日时想要一张曲棍球棒贴纸。于是卡特先生带林恩和胡安到商店去挑选。林恩找到两张她喜欢的。蓝色的贴纸长46厘米，黄色的贴纸长53厘米。卡特先生问他们黄色贴纸比蓝色贴纸长多少？林恩和胡安开始思考他们要如何解决这个问题。

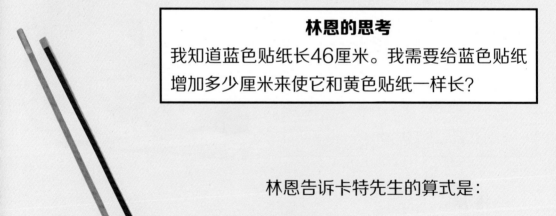

林恩的思考

我知道蓝色贴纸长46厘米。我需要给蓝色贴纸增加多少厘米来使它和黄色贴纸一样长？

林恩告诉卡特先生的算式是：

46厘米+X=53厘米

胡安的思考

我知道黄色贴纸长53厘米，蓝色贴纸长46厘米。我可以用长贴纸的长度减去短贴纸的长度来得出两者的差。

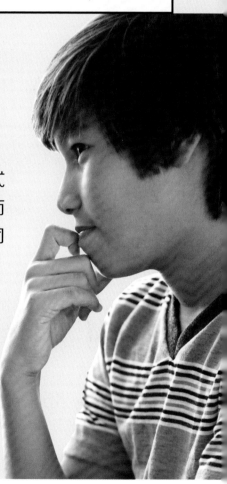

然后胡安分享出他的算式：

53厘米-46厘米=X

胡安和林恩问卡特先生哪个算式是正确的。他说他们都是正确的，而且当他们算出来后，他们会得到相同的答案。

拓 展

解决应用题的方法通常不止一种。解决这道题你会用哪个算式？

用数轴解决问题

结束购物后，林恩和胡安每人制订了一份解决应用题的计划。林恩画了一条数轴来帮助她找答案。

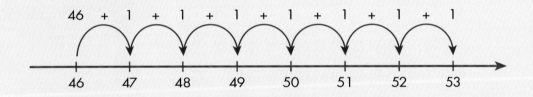

林恩从46厘米，即蓝色曲棍球棒贴纸的长度，开始数数。她一个一个向前数，一直数到53厘米才停止。这是黄色曲棍球棒贴纸的长度。

46厘米+X=53厘米

林恩算式中的X是几厘米？

胡安决定使用1厘米见方的方块来帮助他算出这个算式。他搭建了两排方块。一排有53个方块，表示黄色曲棍球棒贴纸的长度。另一排有46个方块，表示蓝色曲棍球棒贴纸的长度。

为了得出两排方块在长度上的差，胡安把方块从长的那排拿走，直到长的那排和短的那排的方块数相同。他数了数他拿走的方块。

53厘米−46厘米=X

胡安算式中的X是几厘米？

林恩和胡安的答案相同吗？

拓 展

林恩的新贴纸长53厘米，它比旧贴纸长9厘米。请你用两种方法来解决这道题。

测量生日横幅

胡安和他的朋友艾拉想要装饰林恩的生日派对。他们要在客厅的墙上悬挂一条写有"生日快乐"的横幅。林恩的妈妈已经在其中两面墙上悬挂了气球和飘带。胡安和艾拉的横幅长6米。他们需要测量另外两面墙的长度来看看适不适合悬挂横幅。

有关横幅的应用题

A墙长8米，但是有个书橱占去墙3米长的地方。B墙长10米，但是有扇窗户占去墙2米长的地方。哪面墙是悬挂横幅的最好选择？

为了算出A墙为他们的横幅留下多少空间，艾拉用A墙的总长度减去书橱的长度。

8米-3米=5米

为了算出B墙留下的空间，胡安用B墙的总长度减去窗户的长度。

10米-2米=8米

胡安和艾拉能在哪面墙上悬挂横幅？

拓展

林恩的妈妈给了胡安和艾拉测量长度的工具。她给了他们一把米尺、一个卷尺和一把直尺。如果让你来选，你会使用哪种工具来测量墙的长度？解释一下你的理由。

跳远游戏

林恩生日派对上，客人们想要玩跳远游戏来看看谁跳得最远。

林恩知道解决这个问题有两种方法。

跳远问题

艾比跳了89厘米。艾拉跳的比艾比远了8厘米，卡门比艾拉近了13厘米。卡门跳了多远？

林恩的思考

首先我需要算出艾拉跳了多远。我将使用这个答案来算出卡门跳了多远。

89厘米+8厘米=X

　　林恩从卷尺上的"89厘米"开始，往前数了8厘米，算出艾拉跳了97厘米。现在林恩知道艾拉跳了多远，她也能算出卡门跳了多远。

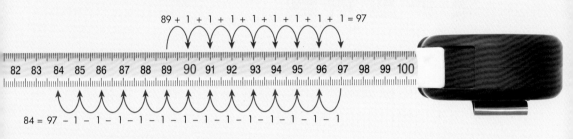

89 + 1 + 1 + 1 + 1 + 1 + 1 + 1 + 1 = 97

84 = 97 − 1 − 1 − 1 − 1 − 1 − 1 − 1 − 1 − 1 − 1 − 1 − 1 − 1

　　为了算出卡门跳过的长度，林恩从97厘米开始并且往回数了13厘米。

97厘米−13厘米=X

卡门跳了多远？

更多应用题

　　林恩在她的生日这天收到了一些书。这些书是关于不同的植物和动物的。看看你是否能回答出林恩书上关于植物和动物的应用题。

树的问题

这棵树的高度是20米。一个伐木工人从树的顶端砍去了8米。这棵树现在多高？

植物的问题

一株植物在春天高6厘米。到了夏天，它的高度是38厘米。它长高了多少？

蛇和蚯蚓的问题

一条蛇长86厘米。一条蚯蚓长5厘米。蛇和蚯蚓的长度差多少？

长颈鹿的问题

长颈鹿妈妈高4米。长颈鹿爸爸比长颈鹿妈妈高0.3米。长颈鹿宝宝比爸爸矮3米。长颈鹿宝宝有多高？

术 语

厘米（centimeter） 一种长度单位，1米等于100厘米。

英尺（foot） 相当于12英寸的一种长度单位。1英尺大约是 $\frac{1}{3}$ 米。

高度（height） 物体底部到顶端的距离，高低的程度。

英寸（inch） 一种长度单位。1英尺等于12英寸，而1英寸大约是2.5厘米。

长度（length） 事物两端之间的距离。

卷尺（measuring tape） 一种用来测量长度的工具。

米（meter） 一种长度单位。1米等于100厘米，约等于3英尺3英寸。

模型（model） 可以代表某种事物的东西，通常模型比原本的东西小。

算式（number sentence） 计算时用数学符号组成的式子。

运算（operation） 是得到数学结果的重要手段。

直尺（ruler） 用来测量长度的一种工具。大多数直尺测量限度是30厘米。有的直尺也有英寸刻度。

单位（unit） 计量事物的标准量的名称，如厘米、米、英寸或英尺。

	1厘米大约是一根手指的宽度。
	1英寸大约是两根手指的宽度。
	1英尺大约是爸爸的鞋的长度。
	1米大约是从地板到门把手的高度。

掷硬币

外面正在下雨。艾拉想要邀请詹姆斯或亚历克斯来家里玩。她用掷硬币的方式来决定叫哪个朋友过来。如果硬币正面朝上，她将会邀请詹姆斯；如果硬币反面朝上，她将会邀请亚历克斯。

詹姆斯和亚历克斯都有二分之一的**机会**被邀请，也就是两人有**相等的**机会被邀请。

拓展

硬币会正面朝上还是反面朝上？

正面	✓			✓	✓		✓	✓
反面		✓	✓			✓		

硬币会正面朝上还是反面朝上？

不可能

反面朝上！于是艾拉邀请了亚历克斯，问他能不能来。艾拉也问了一下她的姐姐，询问她可不可以把她的电子游戏机借给他们玩。亚历克斯笑说只有猪飞起来的时候，她的姐姐才会借给他们。

艾拉笑了，她知道猪不会飞，那意味着他们拿到电子游戏机的机会为0，这个**事件**永远不会发生。

拓 展

把下面的表格补充完整。在每个标题下面写1~2个事件。

一定或必然	很可能	不太可能	不可能
下次过生日时你的年龄会更大。	你今天至少会微笑一次。	你今晚会到另一个国家旅行。	你会长尾巴。

猪有可能飞起来吗?

投 掷

　　艾拉和亚历克斯首先选择了棋盘游戏，参与者需要掷一个骰子。骰子是个正方体，它有6个面，每个面都有不同数量的圆点代表相应的数字，从1到6。

　　游戏开始，他们各自要掷一次骰子，数字大的人先开始。艾拉知道她有六分之一的机会掷出6，掷出6是6种可能的**结果**中的1个。

拓 展

　　在下表中，填上点和点代表的数字来展示掷骰子可能出现的6种结果。

● 1					

艾拉想掷出一个6。

持续投掷

艾拉第一次投掷没有掷出6。她在随意的6次投掷中都没有掷出一个6。为什么呢？

因为骰子不会按顺序掷出数字1~6，每次投掷都是崭新的，每一次投掷都是一个**独立的**事件。艾拉只有1次机会掷出6，但她有5次机会掷不出6，所以她掷不出6的可能性更大。

投掷1	投掷2
6	6
5	5
④	4
3	3
2	②
1	1

◀ 艾拉第一次掷出4，第二次掷出2。

艾拉还有一个大的骰子。点数
同样是从1到6！

转 动

之后两人又玩了一种转盘游戏。转盘被等分为三个部分：第一个部分是蓝色的，第二个部分是红色的，第三个部分是黄色的。

参与者有三分之一的机会转到蓝色。艾拉和亚历克斯轮流转动转盘，他们**记录**下结果。

拓 展

在纸上画一个圆，并把它剪下来，分成三等份。一份涂上红色，一份涂上蓝色，一份涂上黄色。把这个彩色转盘平放在桌面上，用铅笔的尖端穿过回形针，并固定在转盘的中心，拨动回形针，让它绕着笔尖（也是转盘的中心）转动，看看回形针最终停在哪个颜色的区域。重复15次，记录每一次的结果。

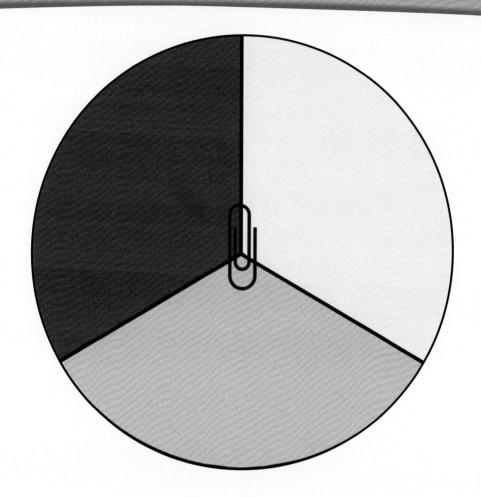

姓名	红色	蓝色	黄色
艾拉		✔	
亚历克斯			

回形针停在每种颜色上的
机会都是三分之一。

再转动

转盘坏了！亚历克斯建议他们再做一个新的。他们画了一个圆并且尽力照着第一个转盘的样子给它涂颜色，但是他们涂的不同颜色的部分所占的面积是**不相等的**，这意味着回形针停在不同颜色上的机会也不再相等。

拓展

制作一个包含3个不相等部分的转盘。给最小部分涂上红色，给中等大小部分涂上蓝色，给最大部分涂上黄色。接下来按第58页拓展中的方法制作转盘，转动回形针15次，记录下每次的结果。这次结果与上一次有什么不同吗？

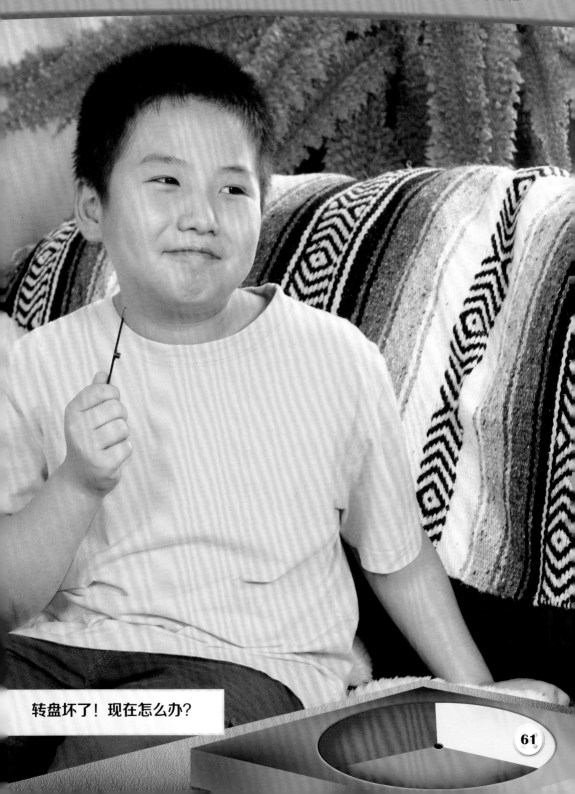

转盘坏了！现在怎么办？

不公平

艾拉不想玩游戏了，现在她想跳舞，但亚历克斯想看会书。他们决定通过掷硬币来决定听谁的。

亚历克斯说："正面朝上，我赢。反面朝上，你输！"

艾拉说："不公平，这样的话你赢是**必然的**！"

艾拉不可能赢。她并没有被亚历克斯的玩笑逗笑！

正面朝上！我赢！

反面朝上！你输！

零食时光

艾拉说："我们来吃点零食吧。"她把一个小碗放在桌上，碗里有3个胡萝卜条和4个芹菜条。她让亚历克斯闭着眼把手伸到碗里，看看他能拿到什么。亚历克斯**预测**是芹菜条。为什么？因为碗里的芹菜条比胡萝卜条多，所以拿出芹菜条的机会更大。

零食一共有7个，其中有4个芹菜条。所以他将会有七分之四的机会拿到芹菜条。

拓展

在3枚硬币上都做一个黑点记号，然后把3枚做了记号的硬币和6枚普通硬币一起放进一个口袋里，接下来伸手进去随意拿出一枚。请预测你是否会拿出一个带有黑点的硬币。你猜对了吗？试着增加普通硬币的数量，或者试着减少普通硬币的数量，猜猜你拿出的硬币是否带有黑点呢？

亚历克斯知道芹菜条
比胡萝卜条多。

回头见

艾拉和亚历克斯度过了有趣的一天，他们通过玩游戏学到了有关**可能性**的知识。可能性是对事物发生概率的估计。

艾拉和亚历克斯靠投掷骰子的方法学习了有关机会的知识，又通过玩转盘学到了更多。他们发现转动包含相等部分的转盘和包含不相等部分的转盘能带给参与者不同的机会。

艾拉说："在今天玩的游戏中，我最喜欢的是转盘游戏。"

亚历克斯说："我最喜欢的永远是吃零食！"

他们都笑了。

看看下一页的术语解释，回顾
这本书上的数学内容。

术 语

必然的（certain） 肯定会发生的。

机会（chance） 不能提前准确猜测出是否会发生的事情。

相等的（equal） 数量或大小一样。

事件（event） 在确定的时间和确定的地点发生的事情。

独立的（independent） 可以和别的事情分开进行并且对别的事情没有影响。

结果（outcome） 玩游戏时，参与者采取的行动和选择所造成的后果。

预测（predict） 基于确定结果的可能性提前做出猜测。

可能性（probability） 事物发生的概率。

记录（record） 记下结果以便研究。

不相等的（uneven） 数量或大小不一样。

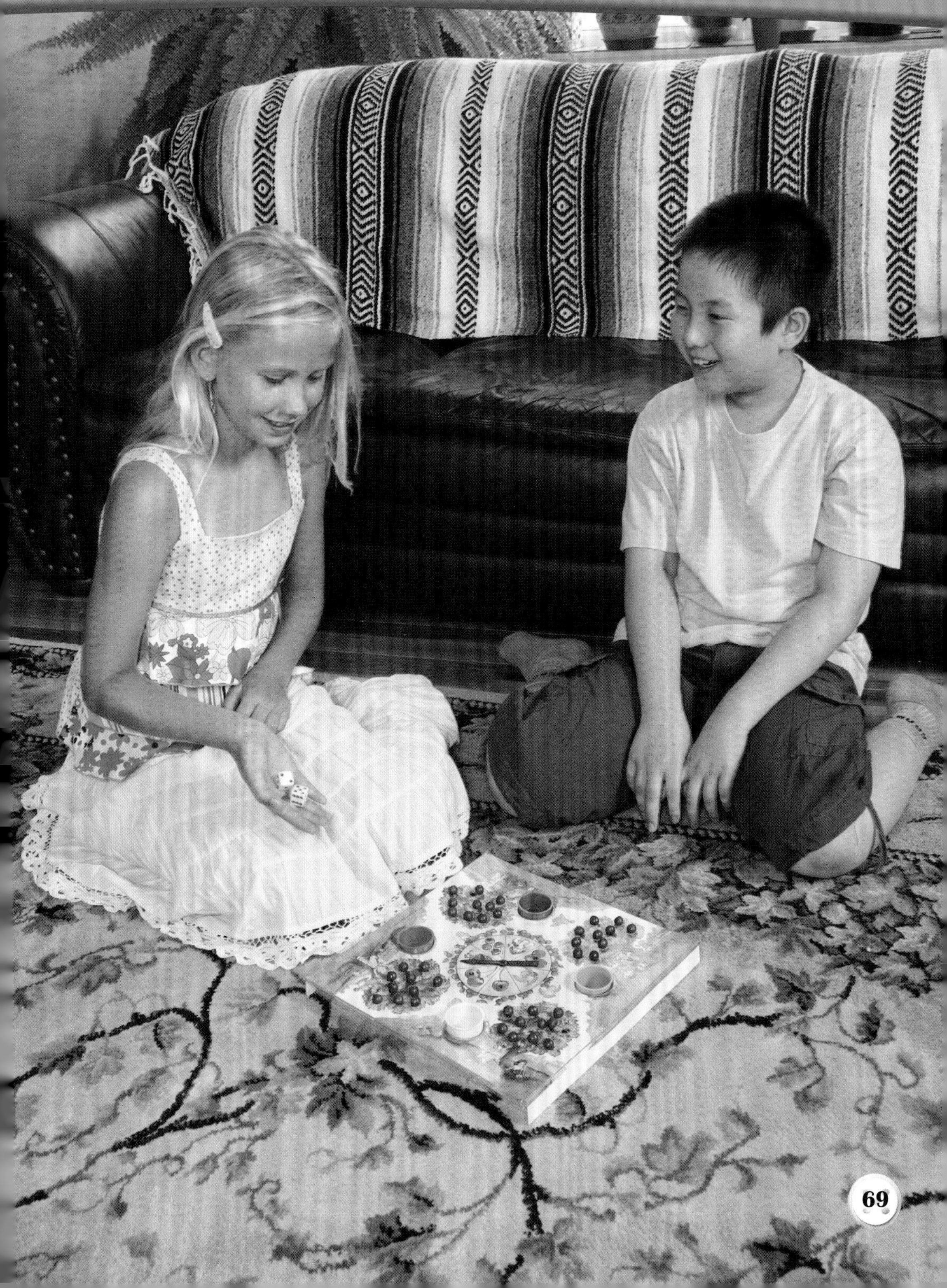

夏日阅读

图书馆有一个夏日阅读俱乐部。加入俱乐部不久的孩子们发现图书管理员莉莉喜欢使用表格和统计图！莉莉先为孩子们展示了一份写有他们名字的表格。

女生	米歇尔	雷切尔	莉莉	布里安娜	伊莱恩	凯特	艾丽西娅	卡门
男生	史蒂文	马克斯	威尔	约翰	戴夫	杜安		

之后莉莉制作了一份包含同样信息的**象形图**。

象形图是展示信息的一种快捷方式。象形图有图画和**图例**。图例告诉你每个图画代表什么。在这份象形图中，一个☺代表"两个孩子"。

拓展

☺意味着"两个孩子"。☺☺☺意味着什么？

米歇尔每年夏天都会加入这个俱乐部。

条形统计图

莉莉问孩子们他们喜欢读哪种书。莉莉收集的信息就是**数据**。

最喜欢的书的种类		
书的种类	计数标记	数目
有趣的	||||	4
恐怖的	|	1
动物主题	卌	5
英雄主题	||||	4

← 这一行表示4个孩子喜欢有趣的书。

这一列的符号是计数标记。

这一列数字记录了计数标记代表的数目。

她把数据填在表格中，使用被称作计数标记的符号。这种表格被称作**统计表**。

拓展

看看下一页上的条形统计图。哪种书是最不受欢迎的？

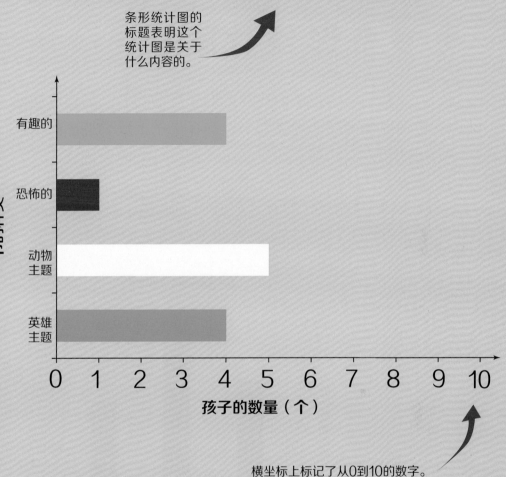

最喜欢的书的种类

条形统计图的标题表明这个统计图是关于什么内容的。

书的种类

有趣的

恐怖的

动物主题

英雄主题

孩子的数量（个）

横坐标上标记了从0到10的数字。

　　莉莉之后制作了**条形统计图**来用另一种方式展示数据。图表底部的数字被称作坐标轴。条形横向延伸。条形的长度表示这种书的数量。你可以通过阅读横坐标与不同条形的对应关系来理解每一个条形表示的数字。

更多条形统计图

莉莉帮助孩子们找到他们想阅读的书，她建议他们也可以读读其他种类的书。她在桌子上放了关于国家、运动和人文的书。

这个条形统计图展示了每种书的数量。这个统计图的条形垂直竖立。条形的高度分别展示了桌子上每种书的数量。

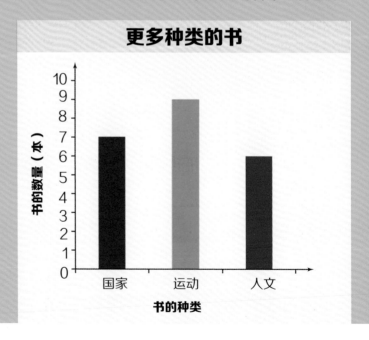

拓展

桌子上有几本关于运动的书？

关于人文的书有几本？

史蒂文选择了一本关于加拿大的书。你想选择哪个种类的书？

统计图 "说" 什么

你可以从统计图中获得许多信息。统计图帮助人们比较数据。阅读俱乐部的孩子们一起制作了许多书签。下面这个条形统计图展示了孩子们制作的书签的颜色与数量。

这个统计图表明书签中数量最少的颜色是绿色。用减法算算，看孩子们制作的紫色书签比绿色书签多多少个。

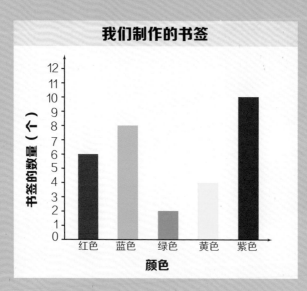

拓展

孩子们一共制作了多少个书签？
把所有的数字加起来就可以算出了。

书签的数量可以被数出来，并且在统计图中表示出来。

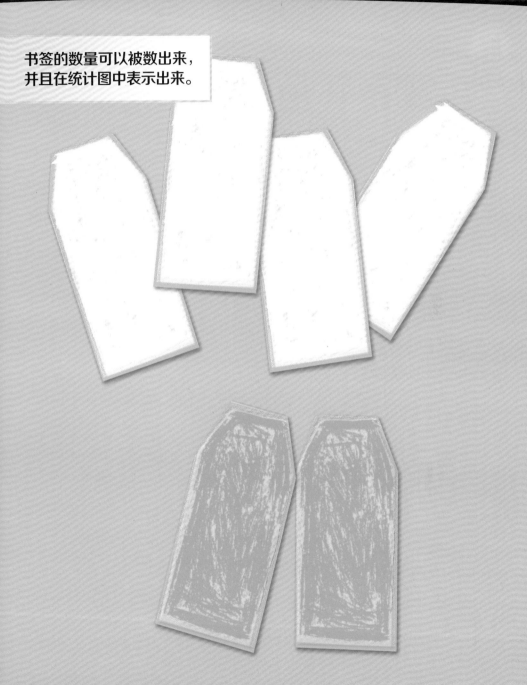

折线统计图

　　莉莉会在图书馆的"故事时间"活动中讲故事。她每天都会记录出席"故事时间"的孩子的数量，她通过制作**折线统计图**来展示数据增减变化情况。折线统计图是展示数据随时间变化而增减的最好方式。

折线统计图也有坐标轴。

点表明孩子的人数，线展示了增减变化情况。

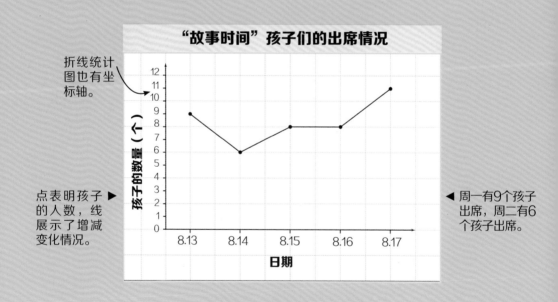

周一有9个孩子出席，周二有6个孩子出席。

拓 展

　　观察折线统计图。哪一天出席"故事时间"的孩子最多？哪两天出席情况相同？

出席情况是对参加活动的孩子数量的记录。

更多折线统计图

马克斯和他的家人去野营了一周。他一直记录着他花在夏日阅读俱乐部的读书时间。

马克斯制作了一份折线统计图来展示他每天花在阅读上的时间。统计图中最高的点对应30分钟，最高的点被称作**最大数**。最低的点是5分钟，最低的点被称作**最小数**。

假期过后，马克斯向其他孩子展示了他的统计图。莉莉问："马克斯，为什么8月22日你只花了5分钟阅读？"除莉莉之外的其他孩子都知道为什么。他们笑了，说道："因为马克斯在沙滩上玩得太开心了！"

拓展

马克斯每天的阅读时间相同吗？
哪些天他的阅读时间最长？
哪天他的阅读时间是10分钟？

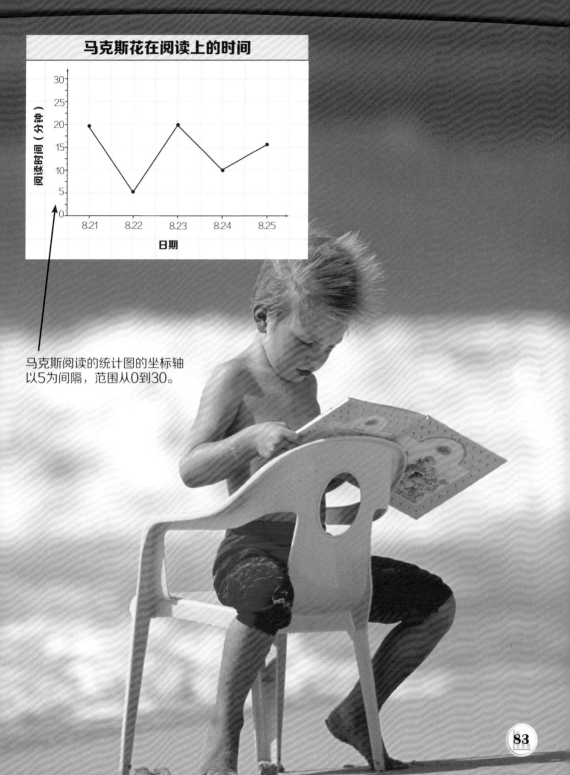

马克斯花在阅读上的时间

阅读时间（分钟）

30
25
20
15
10
5
0

8.21 8.22 8.23 8.24 8.25

日期

马克斯阅读的统计图的坐标轴
以5为间隔，范围从0到30。

扇形统计图

俱乐部成员既阅读小说类书籍，也阅读非小说类书籍。小说是编造的故事，非小说类书籍是关于真实事件的记述。

莉莉制作了一份**扇形统计图**来展示他们读了多少小说和非小说。扇形统计图将一个圆分成几个扇形。她制作了第二个扇形统计图，这个扇形统计图是关于他们阅读的动物故事的种类的统计。

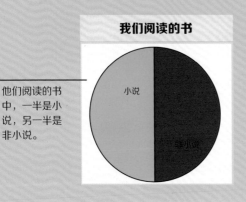

我们阅读的书

他们阅读的书中，一半是小说，另一半是非小说。

小说

非小说

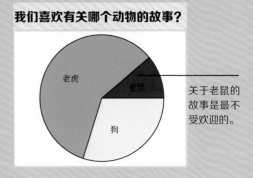

我们喜欢有关哪个动物的故事？

老虎

老鼠

狗

关于老鼠的故事是最不受欢迎的。

拓展

观察包含3个部分的统计图。每个部分是不相同的。喜欢关于狗的故事的孩子多，还是喜欢关于老虎的故事的孩子多？

你更想读哪本书？

线 图

当夏天结束的时候，莉莉制作了一份表格，是关于每个孩子阅读了多少本书的表格统计。

艾丽西娅7	布里安娜7	卡门5	戴夫6	杜安6	伊莱恩4	莉莉6
约翰5	凯特3	马克斯3	米歇尔8	雷切尔7	史蒂文5	威尔6

之后，莉莉制作了这组数据的**线图**。线图是在数轴上展示数据。在数轴上的数字上方画一个"X"，代表阅读那个数量的书的一个孩子。

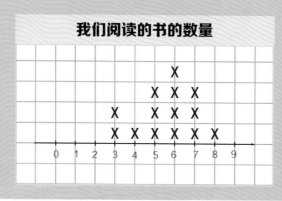

我们阅读的书的数量

◄ 因为有14个孩子，所以总共有14个"X"。

拓展

有多少个孩子阅读了6本书？读书最多的孩子读了几本书？

我爱读书。

凯特阅读了3本书。在线
图上，代表她的"X"画
在数轴上"3"的上方。

很多书、很多统计图

夏日阅读俱乐部的孩子们和图书管理员莉莉在一起很开心。他们听故事、制作书签，并且读了很多很多书。

他们学会了用不同的统计图来展示数据。你能把这些问题和下一页上的统计图对应起来吗？

1. 哪些统计图展示了一个圆的各部分？

2. 哪些统计图展示了数据随时间变化增减的情况？

3. 哪些统计图使用一个"X"代表一个孩子？

4. 哪些统计图有助于比较数据？

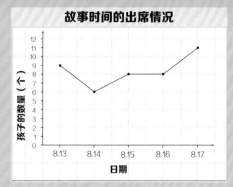

故事时间的出席情况

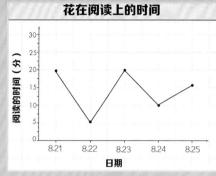

花在阅读上的时间

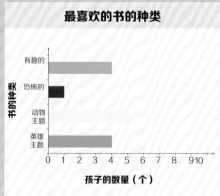

最喜欢的书的种类

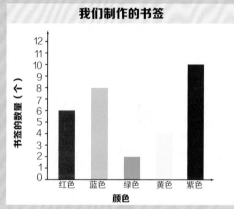

我们制作的书签

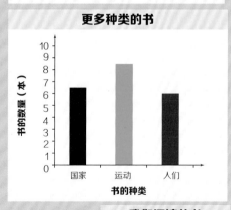

更多种类的书

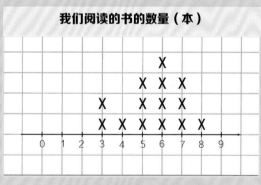

我们阅读的书的数量（本）

我们阅读的书

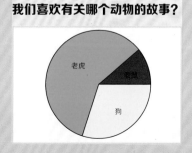

我们喜欢有关哪个动物的故事？

术 语

条形统计图（bar graph） 用长短不同的长方形来展示数据信息的统计图。

扇形统计图（circle graph） 把一个圆分成多个扇形来展示数据的统计图。

数据（data） 为进行统计或计算等收集的关于人们或事物的数值及信息。

图例（key） 每种不同颜色的形状或符号代表一组或多组数据的说明。

折线统计图（line graph） 使用线段来展示数据如何随时间变化的统计图。

线图（line plot） 在数轴上展示数据的简图。

最大数（maximum number） 一组数据的最大值（最高值）。

最小数（minimum number） 一组数据的最小值（最低值）。

象形图（pictograph） 用图画和图例展示数据。

统计表（tally chart） 使用计数标记来记录数据的一种表格。